Sitzungsberichte
der Akademie der Wissenschaften
der DDR
Mathematik – Naturwissenschaften – Technik

13 N

1983

Karlheinz Lohs/Robert Rompe

Max Steenbeck – Sein Wirken für Frieden und Abrüstung

AKADEMIE-VERLAG · BERLIN

Sitzungsberichte
der Akademie der Wissenschaften
der DDR
Mathematik – Naturwissenschaften – Technik

Jahrgang 1983 · Nr. 13

Karlheinz Lohs/Robert Rompe

Max Steenbeck – Sein Wirken für Frieden und Abrüstung

AKADEMIE-VERLAG · BERLIN
1984

Gedenksitzung der Klasse Physik der
Akademie der Wissenschaften der DDR
für Akademiemitglied Max Steenbeck
am 16. Dezember 1982

Herausgegeben im Auftrage
des Präsidenten der Akademie
der Wissenschaften der DDR
von Vizepräsident Prof. Dr. Heinrich Scheel

ISSN 0138–3956
Erschienen im Akademie-Verlag, DDR-1086 Berlin, Leipziger Str. 3–4

Lizenznummer: 202 · 100/48/84
Printed in the German Democratic Republic
Gesamtherstellung: VEB Druckhaus Köthen
LSV 1105
Bestellnummer: 763 351 8 (2010/83/13/N)
00300

Inhalt

Robert Rompe

Einführende Worte

Hochverehrte Anwesende!

Die Klasse Physik hat sich heute versammelt zum ehrenden Gedenken an ihr langjähriges Mitglied Max Steenbeck, der vor einem Jahr am 15. 12. 1981 von uns gegangen ist.

Max Steenbeck war eine markante Gestalt unserer Akademie, der Wissenschaft unseres Landes – ich glaube sagen zu dürfen der Weltwissenschaft unserer Tage.

Viele von uns haben ihn in unserer Klasse und im Plenum erlebt, manche im Präsidium unserer Akademie. Dort hat er vor vielen Jahren das bedeutungsvolle Wort geprägt, daß der Hauptpartner unserer Akademie unsere volkseigene Industrie sein müsse.

Wir haben zu seinem 75. Geburtstag ein wissenschaftliches Kolloquium veranstaltet, auf dem aus berufenem Munde einige der Interessengebiete Max Steenbecks aus den letzten Jahrzehnten seines Schaffens behandelt wurden. Herr Stiller sprach über Planeten und das Zustandekommen kosmischer Magnetfelder, ein Problem, dem Steenbeck viel Aufmerksamkeit und Liebe gewidmet hat, die Herren Fuchs und Rambusch über Probleme der Kernenergetik, die ihn vor allem nach seiner Rückkehr aus der Sowjetunion bei uns in der DDR beschäftigt haben, und wo er mit seinem großen Wissen und Können die Grundlage für unsere Entwicklung maßgeblich mitgestaltet hat. Ich selbst habe an eine frühe Erkenntnis Max Steenbecks erinnert, aus dem Gebiet der Plasmaphysik in Anwendung auf ein Problem der Metallphysik, die sich im Laufe der letzten Dezennien als äußerst fruchtbar und bedeutungsvoll herausgestellt hat.

In einem bemerkenswerten Schlußwort hat Max Steenbeck seine Auffassung über die Bedeutung der Physik in ihrer engen Verflechtung mit der gesellschaftlichen Entwicklung, aber auch mit der ständigen Weiterentwicklung der Grundlagen unserer Naturerkenntnis dargestellt. Es waren die Probleme mit Auswirkungen in großen Dimensionen, die ihn fesselten, ob es nun die Dimensionen des Kosmos waren oder die größten gesellschaftlichen Auswirkungen, die nun einmal Beiträge zur Lösung der Energieprobleme für die Menschheit haben. Und in dieser sehr modernen Verbindung der Beachtung beider Seiten der Physik, der Erweiterung unserer Naturerkenntnis unter maximaler Nutzung der Ergebnisse der Physik zum Wohle der Gesellschaft, hat er in seiner Person die moderne Wissenschaftspolitik, wie wir sie seit dem VIII. Parteitag der SED entwickelt haben, lebendig vertreten.

In vollem Bewußtsein der wachsenden gesellschaftlichen Bedeutung der Nutzung der Ergebnisse der Physik ist er, wie ja bekannt ist, nicht müde geworden, gegen jeden Mißbrauch aufzutreten. So waren seine letzten Jahre gekennzeichnet durch eine wachsende politische Aktivität im Rahmen des Kampfes gegen atomare Rüstung, für die Erhaltung des Friedens, der Entspannung und der friedlichen Koexistenz.

Wir glauben, sein Andenken am besten ehren zu können und in seinem Sinne vorzugehen, wenn wir unseren Kollegen Karlheinz Lohs bitten, uns zu diesem Thema einiges zu sagen.

Karlheinz Lohs

Max Steenbeck – sein Wirken für Frieden und Abrüstung

Selten habe ich einer an mich herangetragenen Vortragsbitte so gern entsprochen wie dieser. Mit einem Vortrag Max Steenbeck ehren zu dürfen, ist für einen Vortragenden seinerseits eine Ehre.

Wenn mir als Chemiker diese Aufgabe übertragen wurde, dann wohl kaum, weil Max Steenbeck seinerzeit in Kiel sein Studium mit dem Berufsziel des Chemikers begann, sondern vor allem deshalb, weil ich im Zusammenhang mit Fragen der Abrüstung und Friedenssicherung diese Aspekte des so reichen Lebens und Wirkens von Max Steenbeck eingehender kennenlernen konnte als mancher seiner unmittelbar mit ihm im Labor arbeitenden Fachkollegen.

Als ich in Vorbereitung dieses Vortrags noch einmal viele Schriften las, die Max Steenbeck zu den großen Problemkreisen des Friedens, der Abrüstung sowie der Warnungen vor imperialistischer Hochrüstungspolitik verfaßt hat, wurden für mich zwei Sachverhalte aufs neue bestätigt.

Erstens: Max Steenbeck war in seiner politischen Position als leidenschaftlicher Verfechter sozialistischer Friedenspolitik vielen seiner Fachkollegen um Jahrzehnte voraus. Er hat im Zuge seiner Überlegungen und Einschätzungen viele politische Entwicklungen vorhergesehen, die oftmals erst nach Jahren, manche mit über einem Jahrzehnt Verspätung zum Gegenstand der öffentlichen politischen Diskussionen geworden sind. So hat er – um hier stellvertretend für viele andere Darlegungen nur ein Beispiel zu nennen – schon 1964 in einer Sondernummer der WFSW-Zeitschrift „Wissenschaftliche Welt" einen größeren Aufsatz zum Thema „Die Auswirkung von Kernwaffenangriffen auf dichtbesiedelte Gebiete" veröffentlicht [1]. Mit diesem Artikel entsprach er schon damals der Aufforderung von Leonid Breshnew an die Wissenschaftler in aller Welt, die Öffentlichkeit über die Folgen eines Krieges mit nuklearen Waffen sachkundig zu informieren.

Zweitens: Ein Umstand, der beim Lesen Steenbeckscher Schriften zu Friedensfragen auffällt, ist, daß er stets in großen, ineinander verzahnten Gedankenkomplexen seine naturwissenschaftlichen und gesellschaftsbezogenen Überlegungen vorträgt. Es ist daher schwer, diese Aussagen aphoristisch verkürzt wiederzugeben. Ich möchte hier keine Lesung aus seinen Werken veranstalten, dies wäre wohl kaum nach seinem Geschmack, denn er schätzte es nicht, wenn Redner ihre Darlegungen mit allzu langen Zitaten auffüllten. Da kam es dann hin und wieder vor, daß er ärgerlich wurde und die Frage stellte, was denn nun der geehrte Herr Kollege selbst für eine Meinung von der Sache habe. Aber es ist auch allgemein bekannt, daß sich das scharfe analytische Denken Max Steenbecks selten bissig, sarkastisch, herb artikulierte, sondern fast immer gütig, geduldig, erklärend. Er war mehr durch die „sanfte Gewalt der Argumente" auf Nachwirkung und Dauerwirkung bei seinen Zuhörern bedacht.

Erlauben Sie mir bitte, nachfolgend einiges mehr Persönliche über Max Steenbeck zu sagen.

Meine Bekanntschaft mit ihm erstreckte sich über zwei Jahrzehnte. Unsere Begegnungen sind für mich kostbare Erinnerungen. Es sind Erinnerungen an Ereignisse, die uns beide als streitbare Naturwissenschaftler im gemeinsamen Bemühen um die Erzielung von konkreten Abrüstungsmaßnahmen und um die Festigung des Friedens zusammenführten.

In Diskussionen im engsten Kreis von Akademiemitgliedern ebenso wie in großen öffentlichen Foren (zuletzt 1981 in Leipzig) haben wir unsere Standpunkte zu den Lebens- oder besser gesagt Überlebensfragen und somit für eine bedingungslose Ächtung der Massenvernichtungswaffen dargelegt.

Max Steenbeck trat — seinem Fachgebiet entsprechend — als Mahner vor der weiteren Eskalation der Kernwaffenrüstung und als Ankläger der von den USA betriebenen Rechtfertigungskampagne von immer perfekteren Atom-, Wasserstoff- und Neutronenbomben sowie den damit verbundenen menschenverachtenden Doktrinen, zum Beispiel einer „Erstschlagskapazität", den angeblichen Möglichkeiten eines „begrenzten Atomkrieges" und der Verharmlosung des Strahlentodes auf; mir fiel in solchen Veranstaltungen dann jeweils die Aufgabe zu, die von den modernen chemischen Massenvernichtungswaffen ausgehenden Gefahren darzustellen.

Es ist stets für uns beide eine große Genugtuung gewesen, wenn wir nach derartigen Veranstaltungen mit dem Gefühl auseinander gehen konnten, daß die Impulse, die wir geben wollten, bei unseren Zuhörern nicht ohne Wirkung geblieben waren. Wie schon eingangs dargelegt, war Steenbeck stets ganz besonders auf den „Nachwirkungseffekt" aus. Es kam ihm nicht so sehr auf den spontanen Beifall an, den ein gewandter Rhetoriker als Sofortreaktion erhält, als vielmehr auf den „Denkanstoß", auch wenn er die „Spätzündung" bei seinen Zuhörern nicht immer erleben konnte. Einmal sagte er mir nach einem URANIA-Forum in Berlin: „Ich glaube, Herr Lohs, es ist uns gelungen, sie nachdenklich nach Hause zu schicken — sie werden wohl nicht so schnell einschlafen können heute nacht."

Rückschauend darf man gewiß sagen, daß Max Steenbeck für unsere noch junge DDR durch sein Werk inzwischen zu einer Symbolfigur geworden ist. Daß dies so werden konnte, liegt vor allem darin begründet, weil er nicht nur als Physiker Beispielhaftes geleistet hat oder weil er als langjähriger Vorsitzender des Forschungsrates und als Fachberater der Regierung Grundsätzliches vollbrachte, sondern weil er als kämpferischer Humanist sich niemals scheute, seine Überzeugungen – auch wenn sie gelegentlich unbequem und nicht in die gängigen Sprachregelungen eingekleidet waren – freimütig ausgesprochen hat. Hierbei ließ er es nie beim bloßen verbalen Bekenntnis bewenden, sondern er hat diese seine Überzeugung auch im persönlichen Wirkungsbereich ohne Schonung seiner Gesundheit vorgelebt. Herr Klare hat dies in seinem Glückwunschschreiben als damaliger Präsident unserer Akademie anläßlich des 70. Geburtstages von Max Steenbeck in folgenden Sätzen zusammengefaßt:

„Wir ehren heute in Ihnen einen der bedeutenden Physiker der DDR, einen Gelehrten, der es versteht, hohes wissenschaftliches Niveau, internationale Autorität, politisches Verantwortungsbewußtsein, Originalität und einen ausgeprägten Sinn für die volkswirtschaftliche Verwertbarkeit von Forschungsergebnissen in harmonischer Weise zu vereinen ... Neben Ihrer wissenschaftlichen und wissenschaftsorganisatorischen Tätigkeit haben Sie gerade in den letzten zehn Jahren oft und in klarer, geschliffener Sprache zur Frage der Verantwortung des Wissenschaftlers für den Frieden und den gesellschaftlichen Fortschritt Stellung genommen. Mit Ihrem eindeutigen Bekenntnis üben Sie wesentlichen Einfluß auf die junge Intelligenz aus" (Brief vom 21. 3. 1974).

Es ist stets aufs neue faszinierend, wieviel Kluges, über seine Zeit hinaus Gültiges Max Steenbeck in Wort und Schrift gerade zur Verantwortung des Wissenschaftlers für die Sicherung des Friedens und zur Entlarvung des imperialistischen Hochrüstungskurses gesagt hat [2]. Und er hat dies nicht nur sozusagen unter dem schützenden Dach der DDR sowie der anderen sozialistischen Staaten ausgesprochen; viele Reisen in kapitalistische Staaten und die dort gehaltenen Reden belegen eindrucksvoll, mit wieviel persönlichem Mut und echter Bekennerfreude sich Max Steenbeck der Diskussion stellte und zu überzeugen vermochte. Es sollte ein vordringliches Anliegen der Akademiegeschichtsschreibung und damit auch des Akademieverlages sein, möglichst viele dieser Gedanken, Einsichten und Ausblicke ihres Mitgliedes Max Steenbeck zu den Fragen der Verantwortlichkeit des Gelehrten in den gesellschaftlichen Auseinandersetzungen für den Frieden und gegen den Krieg in würdiger Form zu publizieren. Ein nachahmenswertes Beispiel für eine derartige Publikation ist zum Beispiel das vom Friedensrat der DDR 1963 herausgegebene Buch über das Leben und Wirken von Walter Friedrich [3].

Max Steenbeck verstand es meisterhaft, seine Gedanken in einer Weise zum Ausdruck zu bringen, die den Fachkollegen ebenso zu überzeugen vermochte wie den Studenten oder den Kumpel im Revier und auch die Rentnerin in einer Wohngebietsveranstaltung. Wenn Max Steenbeck für den

Frieden argumentierte und gegen die verbrecherische Nuklearstrategie agitierte, dann hat ihm dies tatsächlich jeder auch geglaubt! Stets sprach aus ihm der Mensch, der durch eigenes Erleben und Erleiden zu diesen Einsichten gelangt war und eben nicht nur, weil ihn professionelle Pflicht oder journalistisches Fabulieren dazu veranlaßte.

Eindrucksvoll wird dieses Bemühtsein um eigene Einsichten deutlich, wenn man den leider nicht zur Veröffentlichung gekommenen Briefwechsel zu Friedens- und Abrüstungsfragen liest, welchen Max Steenbeck mit unserem Akademiemitglied Jürgen Kuczinsky 1978/1980 führte [4]. Der Genosse Professor Stefan Doernberg hat ein ausführliches und sehr einfühlsames Vorwort dazu geschrieben – leider sind manche Zeitereignisse dergestalt, daß sie in ihrer Schnelligkeit gute Absichten über Nacht in die Regale der Archive verbannen. In diesem Fall waren es Reflexionen über die Rolle der VR China, die sich – erfreulicherweise – heute durch eine erkennbare Wiederannäherung der VR China an die sozialistische Staatengemeinschaft und damit eine Wiederbesinnung auf die gemeinsamen Fundamente der marxistisch-leninistischen Weltanschauung überholt haben. Dessenungeachtet bleibt für mich aber diese Art des brieflichen Gedankenaustauschs zwischen Max Steenbeck und Jürgen Kuczinsky auch heute noch höchst lesens- und bemerkenswert. Nicht zuletzt deshalb, weil hier zwei weiträumige Denker – unbeeinflußt von Terminhektik – uns eine Vorstellung davon vermitteln, wie auf ganz persönliche Weise Wissenschaftler der Akademie eines sozialistischen Landes um das Verständnis der Zeitereignisse ringen, wie sie im Widerstreit der Meinungen und Gefühle sich einander nähern, nicht um Recht zu behalten, sondern um die gesellschaftliche Entwicklung durch eigenes Mitdenken zu fördern.

Wenden wir uns aber wieder dem publizistischen Wirken von Max Steenbeck zu.

Akademiemitglied Herbert Meißner und ich sind besonders glücklich darüber, daß Max Steenbeck noch wenige Wochen vor seinem Tod uns mit einem Beitrag unter dem Titel „Frieden ist Leben" sein Manuskript für einen Sammelband übergab, den wir aus Anlaß der II. UN-Sondertagung über Abrüstung mit besonderer Unterstützung der Akademie-Kreisleitung der SED im Sommer 1982 als Buch des Akademie-Verlages herausgegeben haben [5]. Bereits zur I. UN-Sondertagung 1978 hatte Max Steenbeck ein ähnliches Buchvorhaben durch einen Beitrag unterstützt [6]. Der diesjährige Artikel war wohl der letzte aus seiner Feder zur Friedens- und Abrüstungsfrage! Liest man ihn heute noch einmal, so wirken viele Passagen seiner Darlegungen wie ein Vermächtnis für uns, sein Bemühen fortzuführen und nicht zu ermüden, damit – solange Leben in uns ist – das Leben auch Frieden sein möge.

Es soll keineswegs unerwähnt bleiben, daß Max Steenbeck mit seinen Versuchen gesellschaftliche Wirkungen zu erzielen, gelegentlich auch ein

Opfer seines eigenen Optimismus' und guten Glaubens an seine Mitmenschen werden konnte. So hat er viele Jahre lang – und eigentlich bis ans Ende seines Lebens – den Gedanken an einen hippokratischen Eid der Wissenschaftler verfochten. In diesem Punkt waren wir nicht einer Meinung, trotzdem möchte ich hier ausnahmsweise ihn selbst zitieren:

„Den Wissenschaftlern in ihrer Gesamtheit fehlt heute noch eine Richtschnur für ihr Handeln, wie sie die Ärzte in ihrem hippokratischen Eid besitzen. Wir alle sollten eine ähnlich bindende Verpflichtung auf uns nehmen: – Ich gelobe, mich nicht an solchen Arbeiten zu beteiligen oder sie zu fördern, von denen ich bei gewissenhafter Prüfung Ergebnisse erwarten muß, die dem Ziel eines Zusammenlebens aller Völker der Erde in Frieden und Menschenwürde entgegenstehen. –"

Und Max Steenbeck stellt dann dazu fest: „Ein solches Gelöbnis hält manch einer vielleicht für wirkungslos und utopisch. Ich habe eine höhere Meinung von den Menschen" [2].

Es ist diese Haltung von ihm meiner Meinung nach ein Ausdruck dafür, daß er sich aus seiner spätbürgerlich-humanistischen Gedankenwelt nicht völlig zu lösen vermochte und die „Bergpredigt" letztendlich tiefer (weil von Jugend an) in ihm verwurzelt war als das „Kommunistische Manifest" [7].

Eine solche Haltung, die keineswegs als eine irgendwie geartete Kritik an Max Steenbeck verstanden werden soll, war und ist symptomatisch für viele fortschrittliche Gelehrte unserer Epoche. Meine Tätigkeit in Abrüstungsgremien der UNO und in nichtstaatlichen Organisationen wie der WFSW, der PUGWASH-Bewegung sowie in Friedensforschungsinstituten wie dem SIPRI oder dem Wiener Internationalen Institut für den Frieden hat mich mit vielen solcher fortschrittlichen Gelehrten zusammengebracht. Die meisten waren bemerkenswerterweise Physiker – darunter zahlreiche, die selbst zeitweise am Bau oder der Testung von Kernwaffen oder an der Entwicklung anderer Arten von Massenvernichtungssystemen sowie konventioneller Kriegsmittel verantwortlich mitgearbeitet hatten –, die aber in Kenntnis der realen Gefahren nicht mehr schweigen wollten, sondern sich mit der Friedensbewegung solidarisierten. Schauen Sie sich beispielsweise die Liste der Teilnehmer an den jährlichen internationalen PUGWASH-Tagungen an, so wird dort eindrucksvoll deutlich, wie viele bedeutende Gelehrte sich zur persönlichen Verantwortung des Wissenschaftlers für die Belange der Gesellschaft bekennen und deshalb den Frieden als kostbarstes Gut der Menschheit zu ihrer persönlichen Angelegenheit machen. Viele von diesen Männern und Frauen waren beziehungsweise sind wie Max Steenbeck durchaus nicht als Marxisten oder gar Kommunisten zu Verfechtern des Friedens und der Abrüstung geworden, aber Max Steenbeck war und bleibt unter den dem Humanisten zutiefst verpflichteten Gelehrten unserer Republik insofern eine herausragende Persönlichkeit, als er seinen Kampf um

Frieden und Abrüstung ohne Wenn und Aber auch immer mit dem engagierten Eintreten für den Aufbau unserer Republik, als des Staates des Friedens und der Sicherheit im Herzen Europas, zu verbinden verstand. Seine hohe Achtung vor dem Bürger der DDR sowie vor der Leistung, die die Partei der Arbeiterklasse, die SED, für die Bewußtseinsbildung des Bürgers erzielt hat, kommt zum Beispiel in einem kleinen, 1973 veröffentlichten Aufsatz zum Ausdruck:

„Diese Wandlung im Bewußtsein unserer Menschen mit nimmermüdem, unbequemem, ungeduldigem und stetigem Drängen in Richtung auf das Geschichtsnotwendige bewirkt zu haben, ist vielleicht die größte Leistung der Sozialistischen Einheitspartei Deutschlands" (S. 11).

In dieser Schrift; an anderer Stelle (S. 5–7), finden sich folgende Reflexionen: „Früher, in der vorsozialistischen Zeit, kannten wir für die Wissenschaft nur ein Gesetz: Objektivität, Wahrhaftigkeit in der Aussage bei der Darstellung neuer Erkenntnisse. Was mit diesem Wissen dann weiterhin geschah, war nicht Sache der Forscher – und so wurden daraus eben auch Hiroshima, Euthanasie, Cyclon B." Und Max Steenbeck verlangt deshalb, daß heute aus der geschichtlichen Erfahrung heraus der Forscher objektiv *und* parteilich zu sein hat. Er schreibt 1972: „Diese Parteilichkeit ist kein Widerspruch zur Wahrhaftigkeit – anders wäre die wissenschaftliche Fundierung des Sozialismus gar nicht möglich" [8].

In diesem Gebiet hat er stets und ständig darum gerungen, daß Wissenschaft und Technik in unserer Republik zu optimalen Ergebnissen geführt werden, daß bürokratisches Dunkelmännertum in die Schranken verwiesen, Fortschrittfeindlichkeit bekämpft, Intoleranz entlarvt und dem Revolutionären in unserem Leben zum Durchbruch verholfen wird! DDR und Frieden waren für ihn Synonyme!

Eine der letzten großen Friedensinitiativen, an denen Max Steenbeck mit Geist und Stimme beteiligt gewesen ist, war der Caputher Appell, welcher am 22. 10. 1981 im Einstein-Haus von unseren Mitgliedern Thiessen, Rompe, Treder, Fuchs und Steenbeck verfaßt wurde. Es heißt in diesem Caputher Appell unter anderem:

„In Westeuropa stationierte Pershing-II-Raketen, die auf lebenswichtige Zentren und strategische Einrichtungen im gesamten europäischen Teil der UdSSR gerichtet sind, reduzieren die Zeit zwischen Schlag und Gegenschlag von bisher 50 Minuten auf etwa 5 Minuten. Flügelraketen mit elektronischer Geländeorientierung vergrößern das Übergewicht von Angriff gegenüber Verteidigung. Die Neutronenbomben bedeuten dabei die entsetzliche Gefahr eines weiteren Herabsetzens der ‚Atomschwelle'. Diese Drohung mit einer eurostrategischen Erstschlagskapazität ist ebenso gefährlicher Wahnsinn wie die Doktrin vom weltweiten Einsatz militärischer Macht zur Durchsetzung amerikanischer Interessen."

Die Unterzeichner des Caputher Appells erinnern darin an das berühmte

Einstein-Russell-Manifest, in welchem es heißt: „Im Hinblick darauf, daß in einem künftigen Krieg ohne jeden Zweifel Kernwaffen angewendet würden und daß diese Waffen den Fortbestand der Menschheit gefährden, ersuchen wir nachdrücklich die Regierungen der Welt zu erkennen und öffentlich zu bekennen, daß ihre Ziele nicht durch einen Weltkrieg erreicht werden können, und wir ersuchen sie daher dringlichst, friedliche Mittel der Lösung für alle zwischen ihnen bestehenden Konflikte ausfindig zu machen."

In dem Caputher Appell heißt es dann weiter: „Alle Regierungen der Welt sollten einverständlich erklären, daß sie niemals als erste Kernwaffen einsetzen werden. Sie sollten ferner versichern, auch niemals Kernwaffen gegen einen Staat einzusetzen, der nicht über Kernwaffen verfügt und auf dessen Territorium keine Kernwaffen stationiert sind. Wir erwarten, daß keine Regierung es zuläßt, daß auf ihrem Territorium Neutronenbomben stationiert werden" [9].

Es verdient in diesem Zusammenhang hervorgehoben zu werden, daß es der kürzlich verstorbene Generalsekretär der KPdSU und Vorsitzende des Obersten Sowjets, Genosse Leonid I. Breshnew war, der wenige Monate vor seinem Tod – im Sommer 1982 – anläßlich der II. UN-Sondertagung über Abrüstung die feierliche Erklärung der UdSSR abgab, daß sein Land niemals als erstes Kernwaffen einsetzen werde! Bislang warten die Völker der Welt vergeblich auf eine solche Erklärung der kernwaffenbesitzenden Staaten der NATO. Ebenso wie auch auf den in diesem Jahr von der UdSSR vorgelegten Konventionsentwurf über das umfassende Verbot der Entwicklung, Herstellung, Lagerung und den Einsatz jeglicher chemischer Kampfstoffe die Antwort der USA sowie vieler ihrer Verbündeten aussteht. Es wird deshalb noch großer und vielfältiger Anstrengungen bedürfen, um im Sinne des Caputher Appells die von den USA angeführten und inspirierten Kräfte des militärisch-industriellen Komplexes in die Schranken zu weisen und den Frieden sicherer zu machen.

Max Steenbeck hat uns allen ein Beispiel dafür gegeben, daß der Sieg über die Reaktion und die imperialistische Unmenschlichkeit nur dann erzielbar ist, wenn wir das Bemühen um Frieden und Abrüstung tagtäglich als integralen Bestandteil unserer eigenen Arbeit im Labor und im Betrieb führen, wenn wir uns nicht loslösen von den Werktätigen, wenn wir das Bündnis zwischen der Intelligenz und der Arbeiterklasse festigen und wenn wir ein zuverlässiger Partner in der Schicksalsgemeinschaft aller sozialistischen Staaten bleiben.

Seine über zehnjährige Tätigkeit nach dem zweiten Weltkrieg in der Sowjetunion machte ihn zu einem echten Freund der Sowjetunion und hat diese Erkenntnis in Max Steenbecks Denken und Wirken reifen lassen, von der unsere Akademiemitglieder Robert Rompe und Hans-Jürgen Treder in ihrem Würdigungsartikel zum 75. Geburtstag von Max Steenbeck am 21. 3. 1979 im Zentralorgan der SED „Neues Deutschland" schrieben, „daß das gesellschaftliche Leben jede Wissenschaft nach Inhalt und Sinngebung berührt".

Lassen Sie mich bitte hier noch auf einen anderen Aspekt in den Argumentationen Max Steenbecks hinweisen. So hat er die Abrüstungsproblematik oftmals auch in einem direkten Zusammenhang mit den Fragen des Umweltschutzes gestellt. Für ihn war der Schutz der Umwelt ein gesellschaftliches Anliegen und somit gleichermaßen eine moralische Kategorie. Dabei sind ihm „grüner Fanatismus" und intellektuell überzogene Ökoethik ebenso zuwider gewesen, wie primitiver Ökonomismus und fehlendes Verantwortungsbewußtsein gegenüber den nachfolgenden Generationen. Vielmehr war sein Eintreten für den Erhalt beziehungsweise den Schutz der Umwelt stets ein Bekenntnis für eine, von der sozialistischen Friedenspolitik geschützte Umwelt. Es bestand für ihn eine Einheit von Anstrengungen für Abrüstungsschritte und für Umweltschutzpolitik. So hat es mich mit großer Freude erfüllt, wie warmherzig er mir bei einer unserer letzten persönlichen Begegnungen für die von mir und Professor Arthur Westing (USA) in der Zeitschrift „Wissenschaft und Fortschritt" publizierten Studien zum Thema „Umweltkrieg und Abrüstung" [10] seine Zustimmung ausdrückte und wie sehr er es würdigte, daß in unserer Akademie die Klasse Umweltschutz und Umweltgestaltung schon im April 1976 das Thema „Umweltkrieg und Abrüstung" unter dem Eindruck der barbarischen Auswirkungen des von den USA gegen das vietnamesische Volk geführten Ausrottungsfeldzuges zum Thema einer Klassensitzung gemacht hatte [11].

Herr Vorsitzender, meine Damen und Herren, meine Ausführungen nähern sich ihrem Ende. Diese hier vorgetragenen skizzenhaften Erinnerungen an unser Mitglied Max Steenbeck waren nicht einer selektierenden Bibliographie zu Abrüstungs- und Friedensthemen untergeordnet. Mir kam es vielmehr darauf an, hier den hochverdienten und durch vielfältige Ehrungen gewürdigten Physiker Max Steenbeck aus meiner ganz persönlichen Sicht als kämpferischen Humanisten und – gestatten Sie mir in diesem Fall einmal das Wort – als Friedensforscher zu porträtieren. Eine derartige Porträtskizze (mehr kann es in einer solchen knappen Darstellung nicht sein) wird dem Original sicher nur unvollkommen gerecht, und sie bleibt zwangsläufig subjektiv. Dies muß bei dem ausgewählten Blickwinkel auf Max Steenbecks Wirken als Verfechter der Friedenssicherung und Abrüstung ganz besonders deutlich werden, so daß es Ihnen im nachhinein möglicherweise als nicht den strengen Regeln angemessen erscheinen mag, denen sonst die Darlegungen vor der Klasse Physik unterliegen. Aber Sie wollen es mir bitte nachsehen, wenn ich hier weder eine wissenschaftliche Leistungsliste noch einen Kaderfragebogen interpretieren wollte. Es kam mir allerdings darauf an, eines zu verwirklichen, nämlich diejenigen, welche sozusagen professionell Wissenschafts- und Akademiegeschichte zu dokumentieren haben, mit diesem Vortrag anzuregen, dereinst auch einmal das Wirken bedeutender Akademiemitglieder in den gesellschaftlichen Auseinandersetzungen unserer Zeit und damit ihrer Beiträge zur Friedenspolitik unseres jungen Staates den späteren Wissenschaftlergenerationen nahezubringen.

Verehrte Anwesende!

Für die Friedensbewegung der DDR und weit darüber hinaus wird unser Akademiemitglied Max Steenbeck stets die Verkörperung des Gelehrten bleiben, dem der Erhalt des Friedens und die Sicherung einer menschenwürdigen Zukunft höchstes Lebensziel gewesen sind.

Unser Land, die Deutsche Demokratische Republik, sowie insonderheit die Akademie der Wissenschaften der DDR können stolz darauf sein, daß ein Mann wie Max Steenbeck hier seine Heimat und den Sinn seines Lebens gefunden hatte. Beste deutsche Physikertraditionen verknüpft mit lutherischem Bekennermut und der Gewißheit, daß dem Sozialismus die Zukunft gehören wird, weil nur im Sozialismus der Friede garantiert werden kann, charakterisierten das Wirken von Max Steenbeck.

Setzen wir in seinem Sinn unser gemeinsames Werk fort!

Literatur

[1] Max Steenbeck: Die Auswirkung von Kernwaffenangriffen auf dichtbesiedelte Gebiete, in: Wiss. Welt **8** (1964), Nr. 1, S. 22–28.

[2] Max Steenbeck: Die Verantwortung der Wissenschaftler und europäische Zusammenarbeit, in: Wiss. Welt **12** (1968), Nr. 6, S. 25–29.

[3] Friedensrat der DDR: Walter Friedrich – Leben und Werk, Berlin 1963.

[4] Jürgen Kuczynski und Max Steenbeck: Frieden und Krieg. Aus dem Briefwechsel zwischen einem Gesellschaftswissenschaftler und einem Naturwissenschaftler (mit einen Geleitwort von Stefan Doernberg), unveröffentlicht.

[5] Herbert Meißner und Karlheinz Lohs: Wissenschaft und Frieden, Akademie-Verlag, Berlin 1982.

[6] Herbert Meißner und Karlheinz Lohs: Abrüstung, Wissenschaft, Verantwortung, Akademie-Verlag, Berlin 1978.

[7] Max Steenbeck: Impulse und Wirkungen, Verlag der Nationen, Berlin 1977.

[8] Max Steenbeck: Wirken für die Zukunft, Aufbau Verlag, Berlin 1973.

[9] Caputher Appell (s. Anhang).

[10] Karlheinz Lohs und Arthur H. Westing: Umweltkrieg oder Abrüstung, in: Wissensch. u. Fortschritt **32** (1982), H. 2, S. 64–68.

[11] Sitzungsberichte der AdW d. DDR 13 N (1976): Umweltkrieg und Abrüstung, Akademie-Verlag, Berlin 1976.

Caputher Appell

Wir, Verehrer und mittelbare und unmittelbare Schüler Albert Einsteins, haben uns heute in Caputh im Einstein-Haus versammelt. Uns bewegt eine tiefe Sorge, die auch das Denken und Wirken Einsteins in seinem letzten Lebensabschnitt bestimmte.

Vor 35 Jahren, im Oktober 1946, veröffentlichte Albert Einstein den Gründungsaufruf für ein „Notkomitee amerikanischer Physiker". Die Arbeit dieses zusammen mit namhaften USA-Physikern gegründeten Komitees richtete sich gegen jede „atomare Erpressung", Atombomben als Mittel der Politik der damaligen US-Regierung einzesetzen.

Einstein warnte auch vor der Gefahr, „daß wir, Bürger der Vereinigten Staaten, allmählich dazu kommen, in militärischen Begriffen zu denken, zu glauben, daß militärische Männer und militärische Kraft benötigt werden, um unserer Außenpolitik Substanz zu geben, und zu glauben, daß Wissenschaft und Erziehung militärischen Belangen untergeordnet werden sollten. So mögen wir dicht an den Rand eines Krieges geführt werden."

Schon im Juni 1945 hatten Wissenschaftler, die am geheimen „Manhattenprojekt" arbeiteten, ihre Befürchtungen im „James-Franck-Bericht" fixiert:

„Wenn die Vereinigten Staaten die ersten wären, die von diesen Mitteln zur wahllosen Vernichtung von Menschen Gebrauch machen, würden sie die Unterstützung durch die Öffentlichkeit der ganzen Welt preisgeben, einen wahren Rüstungswettlauf auslösen und die Möglichkeit eines internationalen Abkommens hinsichtlich der künftigen Kontrolle solcher Waffen in Frage stellen."

Trotz aktiver Unterstützung durch Albert Einstein und Niels Bohr, der eindringlich die Notwendigkeit einer Verständigung mit der UdSSR betonte, blieb die Stimme der Vernunft ungehört. Hiroshima und Nagasaki wurden zerstört. Diese Zentren des Infernos mit 180 000 Toten lagen in einer mit allen Verbindungen und Versorgungseinrichtungen relativ intakt gebliebenen Umgebung, aus der rasch Hilfe gebracht werden konnte.

Heute liegen tausende Kernwaffen neben den Abschußrampen bereit: Wasserstoffbomben, Langstreckenbomber, interkontinentale ballistische Raketen, Atom-Unterseeboote. Diese Waffen des mehrfachen Selbstmordes der Menschheit hat uns der Rüstungswettlauf gebracht.

Was haben die USA dabei gewonnen außer, daß das nukleare Teufelszeug näher an ihr eigenes Gestade rückt?

In Westeuropa stationierte Pershing-II-Raketen, die auf lebenswichtige Zentren und strategische Einrichtungen im gesamten europäischen Teil der UdSSR gerichtet sind, reduzieren die Zeit zwischen Schlag und Gegenschlag von bisher 50 Minuten auf etwa 5 Minuten. Flügelraketen mit elektronischer Geländeorientierung vergrößern das Übergewicht von Angriff gegenüber Verteidigung. Die Neutronenbomben bedeuten dabei die entsetzliche Gefahr eines weiteren Herabsetzens der „Atomschwelle". Diese Drohung mit einer eurostrategischen Erstschlagkapazität ist ebenso gefährlicher Wahnsinn wie die Doktrin vom weltweiten Einsatz militärischer Macht zur Durchsetzung amerikanischer Interessen.

Noch einmal soll Albert Einstein sprechen: „Es ist nicht der Wille des amerikanischen Volkes, den wir hier am Werke sehen, sondern der Wille der mächtigen Minderheit, die durch ihre wirtschaftliche Machtstellung auch die politischen Organe beherrscht. Diese Leute fürchten in Wahrheit nicht eine militärische Aktion Rußlands, sondern vielmehr den moralischen Einfluß eines starken Rußlands, der ihrer Machtstellung auf indirektem Wege gefährlich werden könnte." Angesichts der tödlichen Gefahr, welche die Eskalation des nuklearen Wettrüstens für die Menschheit bringt, appellieren wir an alle Menschen der Welt, die die Sehnsucht nach Erhaltung und Fortbestand des Lebens vereinigt, unabhängig von ihrer politischen und religiösen Anschauung, die folgende Resolution zu unterstützen:

Wir bekräftigen nachdrücklich den Einstein-Russell-Appell:

„Im Hinblick darauf, daß in einem künftigen Krieg ohne jeden Zweifel Kernwaffen angewendet würden und daß diese Waffen den Fortbestand der Menschheit gefährden, ersuchen wir nachdrücklichst die Regierungen der Welt zu erkennen und öffentlich zu bekennen, daß ihre Ziele nicht durch einen Weltkrieg erreicht werden können, und wir ersuchen sie daher dringlichst, friedliche Mittel der Lösung für alle zwischen ihnen bestehenden Konflikte ausfindig zu machen."

Alle Regierungen der Welt sollten einverständlich erklären, daß sie niemals als erste Kernwaffen einsetzen werden. Sie sollten ferner versichern, auch niemals Kernwaffen gegen einen Staat einzusetzen, der nicht über Kernwaffen verfügt und auf dessen Territorium keine Kernwaffen stationiert sind. Wir erwarten, daß keine Regierung es zuläßt, daß auf ihrem Territorium Neutronenbomben stationiert werden.

Wir erwarten von den Unterzeichnerstaaten der Deklaration von Helsinki, weitere vertrauensbildende Maßnahmen zum Abbau des Mißtrauens zu beschließen und den in Helsinki eingeleiteten Prozeß der europäischen Sicherheit und Zusammenarbeit zu vertiefen.

Wir erwarten von den Regierungen der USA und der UdSSR, im Sinne von SALT II den Prozeß der Begrenzung der strategischen Kernwaffen in die Phase der Reduzierung dieser Waffen mit dem Ziel ihrer völligen Vernichtung zu überführen.

Wir erwarten von den Regierungen der Staaten der NATO und des Warschauer Paktes, ein Moratorium für die Stationierung neuer Raketenwaffen sowie der Modernisierung von Kernwaffen und Trägermitteln zu erklären, die Produktion neuartiger Kernwaffen einschließlich der Neutronenbombe zu bannen und mit höchster Priorität Verhandlungen zur Reduzierung der Kernwaffen bis zu ihrer endgültigen Vernichtung zu führen und so dem Artikel VI des Vertrages zur Nichtweiterverbreitung von Kernwaffen Substanz zu geben.

Wir hoffen, das diese Willenserklärung ganz im Sinne Einsteins auch das Wissen und die ethische Basis für eine weltweite kontrollierte Abrüstung, insbesondere der Atomwaffen, verstärken wird. Kernwaffen müssen von dieser Erde verschwinden, damit die Erde leben kann. Damit werden die notwendigen Mittel und wissenschaftlichen Potenzen frei, um den Kampf gegen Hunger, Seuchen, Arbeitslosigkeit und Unwissenheit erfolgreich zu führen.

Wir sind sicher, im Geiste Einsteins zu handeln, wenn wir jeden bitten, unabhängig von seiner persönlichen weltanschaulichen und gesellschaftlichen Position, den Deklarationsentwurf über die Ächtung des Ersteinsatzes von Atomwaffen zu unterstützen, den die Regierung der Sowjetunion den Vereinten Nationen unterbreitet hat. Die Verhinderung einer das Überleben der Menschheit bedrohenden nuklearen Katastrophe steht über allen politischen Streitfragen.

Caputh, Einstein-Haus, den 22. Oktober 1981

gez.: P. A. Thiessen R. Rompe M. Steenbeck K. Fuchs H.-J. Treder

FSC
www.fsc.org
MIX
Papier | Fördert gute Waldnutzung
FSC® C083411

Zeitfracht Medien GmbH
Ferdinand-Jühlke-Straße 7
99095 Erfurt, Deutschland
produktsicherheit@kolibri360.de